人类密码

SCIENCE

策划/孟凡丽　主编/袁　毅

Wuhan University Press
武汉大学出版社

U0271435

这是一个神奇的科学密码世界！

无论你是想了解史前生物，还是想知道未来科技；无论你是想大开眼界看看奇人异事，还是想开发智力让大脑做个健身操；无论你是想深入野外掌握丛林法则，还是想冲出地球和外星人打个招呼……"图说科学密码丛书"都能满足你的要求！

"图说科学密码丛书"取材优中选精，选取中小学生最感兴趣的五大知识领域，从中挑出他们最感兴趣的话题，并采用可爱卡通人物逛"科学密码世界"的形式串连所有知识点，让读者犹如亲临现场，从而加深印象，引发读者研究科学的兴趣。

"图说科学密码丛书"还特别以解密的方式设置了小栏目，巧妙利用前面出现过的知识设计了一些有趣的问题，让读者在边读边思考的同时，激发他们的创造力、思考力和分析能力。

我们相信，在你欣赏完"图说科学密码丛书"的那一刻，你一定会由衷地发出一声感叹：科学也可以如此美妙！

　　"图说科学密码丛书"是一套专为中小学生倾力创作的科普丛书，包括《史前密码》《丛林密码》《人类密码》《头脑密码》《未来密码》五个分册。从时间纵轴上来看，"图说科学密码丛书"涵盖了史前、现在和未来三个不同的时间段；从知识横轴上来看，它又囊括了青少年最感兴趣的动物、高科技、外星人、思维训练和奇人异事等知识领域。

　　"图说科学密码丛书"是一套新意迭出的少年科普读物，它将这些最有意思的知识用通俗生动的语言向读者层层铺开；同时它以主人公逛"科学密码世界"的形式把各个知识点串连起来，使内容变得趣味十足。那些专业、深奥的知识不再枯燥乏味，而是变成了一件件很有趣、很简单的事情。

　　"图说科学密码丛书"是一套体现先进编辑理念和特色的少儿读物。编辑以"科学传真、图文并解"这种少年儿童吸收科学知识最有效的方式为基础，参考先进国家的科学教育理念，培养和引导读者对科学的学习兴趣。

　　深度、广度兼具的"图说科学密码丛书"可以改变中国少年儿童"知识偏食"的习惯，是孩子课余时间的最佳读物。

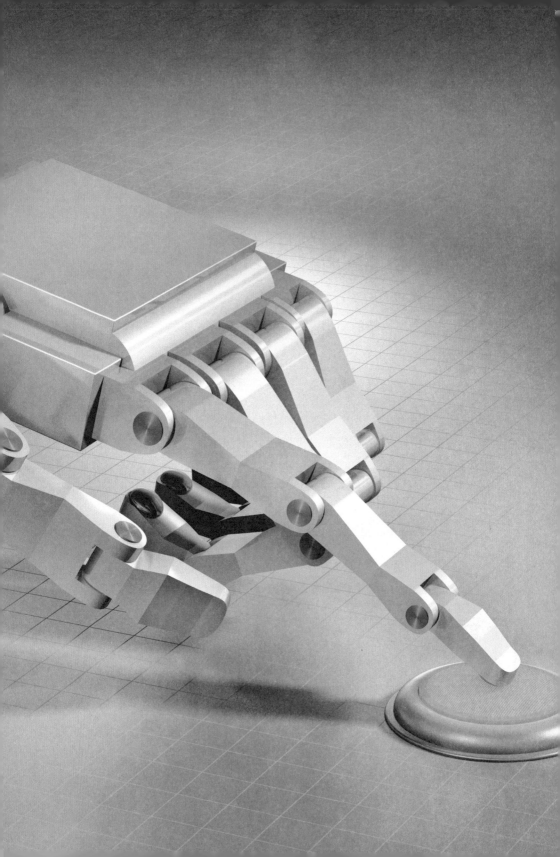

暑假到啦，可以好好玩啦！但是老师给朵朵班上的同学们布置了一个暑假作业——调查人类生活。这个作业可难倒了同学们，因为大家都不知道要怎样去展开研究。

ABC是市科学研究所研制出来的一个小学生机器人，它可以说是无所不能。为了测试ABC的性能，市科学研究所的科学家们把它安置在朵朵班上，让它和大家一起上课学习。

朵朵是ABC的同桌，也是ABC的好朋友。她把自己对于暑假作业的烦恼告诉了ABC，本以为ABC会和自己一样愁眉苦脸，却没想到ABC一拍胸脯，骄傲地对她说："这有什么难的！有我在，什么研究都不成问题！"

于是，ABC、朵朵、江户川、胖小虎、小书呆这几个好朋友出发啦！快跟上他们的脚步吧！

他们主要去了解人类社会的三个部分内容，分别是：千奇百怪的职业、奇特的风俗习惯和人体极限。这个暑假里，大家知道了这个世界上居然还有"地铁推手"、"试睡员"、"红客"这样奇怪的职业；也见到了独龙族的纹面女，看到了以大嘴为美的穆尔西人；更认识到了人体的极限，比如，说话最快的人、智商最高的人、打嗝最多的人。

还等什么，和他们一起出发吧！

目录 Contents

① 千奇百怪的职业

3 人体极限在哪里

第一章
Chapter One
千奇百怪的职业

人类密码
RENLEI

　　想要了解人类生活，当然要先了解职业啦，但是ABC带着大家见识的职业可不是普通的职业，这些职业真奇怪！不信？我们和朵朵他们一起去看看吧。

地铁推手——工作在地铁高峰期

 ABC, 你不是说带我们来看奇怪的职业吗？为什么来到东京早上拥挤的地铁站呢？

 我这不是带你们来看地铁推手嘛。

⇒ 拥挤的地铁

东京地铁的高峰期，用"可怕"一词来形容完全不过分。因为上班族们并不是轻松地走进地铁，而是被使劲"装"进去的。于是在这种情况下，一种新的职业应运而生，那就是地铁推手。

▌➡ 这就是地铁推手

在地铁车厢门口，人们经常可以看到一些"摩拳擦掌"、穿着整齐的工作人员，他们就是最近才出现的地铁服务人员。因为工作性质的原因，他们也被人们形象地称为"地铁推手"。地铁推手的主要职责是负责把挤在车门口的乘客推进车厢，并及时关好车门，保证车辆安全通行。

▌➡ 学生与地铁推手

在东京，最早的地铁推手其实是一些兼职的学生。现在，地铁推手已经成为固定的职业，不仅仅有学生在做这份工作，也有很多普通人在做，并且工作性质不再仅限于兼职，也有了全职的。

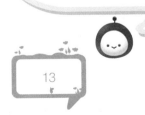

怎么样，有意思吧！更有意思的还在后面呢。走，我带你们去看看水滑梯测试员的工作。

水滑梯测试员——与水花共舞

 我知道游乐场里有水滑梯，但是不知道居然还有这么有趣的职业！太厉害了！

▌➡ 娱乐场所里的水滑梯

大家应该都知道水上游乐园吧？在水上游乐园里，水滑梯算得上是十分惊险刺激的娱乐。"嗖"的一下，从高处滑到低处，滑入水中，陡陡的滑梯虽然让人神经紧绷，但是清凉的水花溅起来时别提有多舒服了。但是你知道有一种职业叫作"水滑梯测试员"吗？

▌➡工作内容

水滑梯测试员的工作就是环游世界，甚至要去希腊、墨西哥、多米尼哥、牙买加、塞浦路斯、土耳其或者其他偏僻的地方，他们要去试用公司安置在各个度假地或者水上游乐园的水滑梯。水滑梯测试员要使用水滑梯，然后测试出这里的水质、玩水滑梯需要的速度、水滑梯的高度和整体使用的舒适度。

听起来虽然有意思，但是我觉得会很冷啊，所以我更愿意和我的宠物狗嘟嘟玩。

哈哈，小书呆，既然你这么喜欢宠物，我就带你去认识一下兽医吧。

兽医——动物的好朋友

 你们快看，那个医生正在为狗狗做身体检查呢！

▌➡ 古今兽医

兽医这个职业在古代就有了。古代的兽医是指负责治疗皇家、官家动物的病的官员，他们一般只为贵族服务。但是到了现代，情况就大不相同了。我们所了解的宠物医生就是兽医的一种，他们服务于平常人家的宠物，并且尽最大的努力把动物的病治好。他们就是动物心中的白衣天使。

▌➡执业兽医

执业兽医就是拥有执业兽医资格，可以给动物进行诊疗、开处方，或是研究和生产兽药的医生。城市里的执业兽医一般是指宠物医生，他们帮生病或者受伤的小动物们进行治疗。在农村给家畜进行治疗的兽医也属

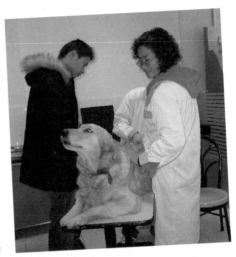

于执业兽医。当然，他们必须通过执业兽医资格考试才能正式上岗。

▌➡官方兽医

官方兽医不像执业兽医那样需要通过资格考试，他们由法律授权或者政府任命，作为一种执法主体，对动物及动物产品进行全程监控及检疫工作。

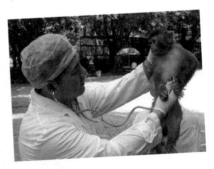

兽医真厉害！但是兽医能给我家嘟嘟做美容吗？

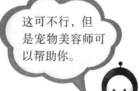
这可不行，但是宠物美容师可以帮助你。

宠物美容师——让宠物更加可爱

 宠物美容师究竟是做什么的呢？

➡ 认识宠物美容师

近年来，随着时代的发展，宠物们的生活质量也随着主人生活水平的提高得到改善。在这样的大背景下，宠物美容师这个新职业也应运而生了。宠物美容师能够使用工具及辅助设备，对各类可家养的宠物进行毛发、羽毛、指爪等部位的清洗、修剪、造型等工作，使宠物的外观得到美化。

▌▶ 小职业，大门道

你可不要以为给宠物美容只是帮它们修剪毛发，其实，专业的宠物美容师需要熟悉每一种宠物的特点，并且依据宠物们的身材、骨架和习性，给它们进行专业的美容。此外，宠物美容师还要掌握一些宠物常见病的识别与护理知识，而这一切都是建立在对小动物的耐心与爱心的基础上。

▌▶ 认证机构

目前，中国最权威的宠物美容师认证机构是CKU，即中国工作犬管理协会专业技术分会。CKU是世界犬业联盟在中国大陆地区唯一指定的机构。CKU每年定期举行宠物美容师资格等级考试及宠物美容师大赛。宠物美容师可以通过参加权威认证的考试获得相关资格证书。

我决定啦，我也要给我家的猫咪做个美容！小书呆我们一起去吧。

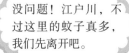

没问题！江户川，不过这里的蚊子真多，我们先离开吧。

蚊子采集者——血液风险家

 有一种人因为工作需要，要和蚊子打交道。他们就是"血液风险家"——蚊子采集者。

因何出现

蚊子是"四害"之一，它们传播的疾病——疟疾，现在仍然是存在于世界上某些地区的严重问题。所以，人们不断从科学角度寻找答案来解决这个问题。为了做到这一点，就需要一些蚊子标本，而捉蚊子的最简单方法就是撩起袖子，吸引蚊子来吸血。

蚊子采集者的工作

蚊子采集者的工作就是裸露着身体，然后想尽办法招引蚊子。用蚊子喜欢的气味吸引蚊子是他们常用的办法，等蚊子被吸引来并且吸血时，他们就趁蚊子不注意

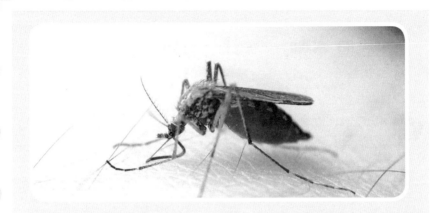

用麦杆把蚊子夹起来，轻轻放进专门的容器中，以便用于研究。

▌➡ 冒着风险工作

蚊子采集者的工作并不轻松，不是身上起几个包那么简单，他们是冒着非常大的风险在工作的。因为他们每天要忍受3000多次蚊子的叮咬，很有可能会被传染上登革热、疟疾、黄热病、丝虫病和日本脑炎等疾病。

真难以相信，蚊子采集者的工作居然这么危险。

每一种工作都是有风险的，魔术师就是个很好的例子。

魔术师——让一切成为可能

 那个人是刘谦！我喜欢他的魔术，真是太神奇了！

▌▶ 神奇的魔术

在中国，人们把魔术称为"变戏法"，魔术师当然就是擅长变戏法的人了。他们利用道具或手法，使不可能的事情变为可能的事情。常见的道具一般有硬币、扑克牌、绳索、丝巾等，这些道具中往往暗藏着机关，这些机关就是魔术的秘密。

▌➡ 魔术戒条

魔术师必须要严格遵守魔术师的戒条。戒条分别是：（一）要尊重同道；（二）要认真练习；（三）未练习熟练前不进行表演；（四）不会无代价教授魔术；（五）不公开魔术的秘密；（六）不在表演前说出魔术效果；（七）不在同一观众前反复表演同一套魔术；（八）要以正途发展魔术。

▌➡ 魔术巨人——大卫·科波菲尔

说到魔术，我们就要提到魔术巨人大卫·科波菲尔，他堪

称古往今来最伟大的魔术大师。30多年来，他一次次超越人们的想象力，将一件件看似"不可能完成的任务"变为现实。凭着卓越的成就，大卫19次获得美国电视艺术艾美奖，他的大型表演《梦想与梦魇》至今还保持

着百老汇的票房纪录，他也是我们所熟识的魔术王子刘谦最崇
拜的魔术师。

⮕ 魔术王子——刘谦

　　刘谦从7岁就开始自学魔术，12岁的时候就从世界魔术大
师大卫·科波菲尔手中拿到了台湾青少年魔术大赛的金奖。他
是唯一一位受邀至拉斯维加斯及好莱坞魔术城堡演出的中国台
湾魔术师，也是台湾获国际大奖最多的魔术师。在2009年央视
春晚中，他以长达八分半钟的近景魔术《魔手神彩》红遍中国。

　　　　　也许我应该去学习学习魔
术，这样我就能更简单地
看清罪犯的作案手法了。

驻洞女巫——现代版的骑扫帚的人

 朵朵，你知道吗？现在还有女巫这个职业呢。

 真的吗？我们快去看看吧。

▮➡ 传说中的女巫

说到女巫，一般指会使用魔法，手持魔杖，骑着扫帚到处飞行的女性巫师，又称魔女。所有的女巫都有一只宠物，宠物的职责就是监视女巫的行动和帮助女巫。

▍▶ 现代女巫招聘启事

英格兰景区前不久公开招聘一名女巫。你只要扮演成巫婆的模样，出没在山洞附近即可。你需要做的最重要的事情是：必须会发出古怪的笑声，不会对猫过敏，生活在山洞里，做更多巫婆们该做的事。这项工作可获得5万英镑的年薪，只要寒暑假及周末进洞上岗就可以了。当然，旅游高峰期女巫需要住在山洞中。

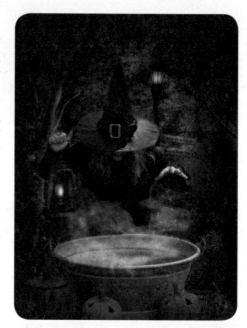

没想到当女巫这么有意思啊，还能挣好多零花钱呢。

是啊，那接下来的这个工作呢？

气味鉴别者——最重口味的工作

他们要闻什么？是好吃的食物吗？

气味鉴别者的工作内容

气味鉴别者通常会吃很多恶心的东西，然后吐出气，收集在塑料瓶中，这些瓶子会放在固定的地方。他们会被安排坐在一个地方，去闻至少100个的气味收集瓶，然后通过他们的表情可以判断气味的难闻程度。

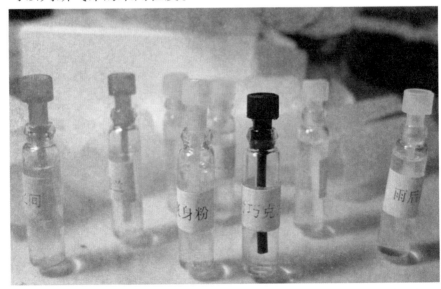

➡ 闻口臭的人

　　这份工作是由研究漱口水的一家公司提供的，人们的口臭如同一阵狂风一样让人恶心。但是，明尼阿波利斯市胃肠病专家迈克尔最近应聘了两个勇敢的人，他们愿意闻别人的口臭。

胖小虎，了解了这些，你还喜欢这个工作吗？

No!

职业游戏玩家——把玩游戏当成一种工作

 玩游戏也可以是一种工作?

▌➡ 何为职业游戏玩家

所谓的职业游戏玩家，在大多数人的观念中就是指专职游戏者，以参加游戏比赛获得奖金为主要生活来源的人。也有人认为职业玩家就是以游戏玩家的身份来获利，其收入包括出售虚拟财产收入、获取比赛奖金等。但是实际上职业玩家在欧美国家叫做IEC(互动娱乐顾问)，工作性质有点类似游戏推广员。

▌➡ 很 "炫" 的职业

职业玩家在国外并不算新鲜，但绝对是一个吃香的职业，它随着网络游戏的出现而出现。职业玩家要负责公司游戏软件在上市前的游戏测试，然后撰写测试报告。玩家们在乎的不是报酬多少，而是新游戏让他们先玩是一种很 "炫" 的感觉。

▌➡ 工作、娱乐两不误

其实，职业玩家不光是做测评，还可以参与策划、开发、撰写游戏心得、管理游戏论坛、编写游戏软件程序、代理游戏公司销售活动和充

当游戏形象代言人等。将其算作是一项职业无可非议，它给挖空心思玩游戏的人创造了另一种职业生涯——做自己喜欢的事情，而且工作、娱乐两不误。

职业游戏玩家的这份工作听起来很不错啊！

色彩顾问——经营时尚与艺术

 色彩顾问是做什么的呢？

⮞ 认识色彩顾问

色彩顾问是对个人形象管理并进行设计与指导的专业顾问。他们通过专业的色彩理论，针对人与生俱来的肤色、发色、瞳孔色等人体基本色特征和人体身材轮廓、量感、动静和比例的总体风格印象，为人找到最合适的服饰颜色、款式、搭配方式和各种场合用色及最佳的妆容用色、染发色等。

▌➤ 色彩顾问的工作价值

色彩顾问会教顾客掌握实用的专业扮靓技巧，让顾客避免"买错"衣物造成的时间、金钱、精力的浪费，避免"做错"发型、"化错"妆容、"搭错"服饰、"穿错"场合而造成的尴尬与损失，提升顾客的审美品味与整体形象气质，为顾客的情感生活、职场竞争和社会交往等带来良好的影响……

色彩学也是一门很深奥的学问呢，再带你们去见识一下派对小丑吧。

派对小丑——人群里的开心果

 我喜欢看小丑表演，让人很开心。

派对小丑的出现

提到小丑，人们第一反应往往会联想到"马戏团"。但如今，在中国的一些城市，你不一定非要到剧场才能看到小丑。只要你愿意，你甚至可以把小丑请到家里来为你表演，这就是"派对小丑"。

▌▶ 小丑演员分类

小丑演员其实也分好几种：有的是杂技小丑，比如表演踩独轮车、抛彩球等节目的小丑；还有就是魔术小丑，通过魔术来搞笑、活跃气氛等。

▌▶ 台下十年功

他们不但要学习表演、杂耍和马戏等课程，还要掌握踩高跷、吹火、骑独轮车等技能。学成的小丑们个个身手不凡，但付出的辛苦和汗水也可想而知。

看来不管任何一种工作都要付出辛苦啊。

天堂岛守岛人——梦幻岛屿守护者

 这岛上的景色可真美啊！ABC，这是哪里啊？

我们现在在天堂一样美丽的汉密尔顿岛上呢。

▌➡ 美丽的天堂岛

说到汉密尔顿岛，估计没几个人知道，但是如果提到澳大利亚的大堡礁，也许你就会恍然大悟吧。汉密尔顿岛是大堡礁中的一个岛屿，这个岛屿因为它别样美丽的景色而被人亲切地称为"天堂岛"。天堂岛守岛人就在这里工作。

▌➡ 梦幻般的工作

这份梦幻般的工作很诱
人，很多人都想拥有。因为
你只要在汉密尔顿岛的海边
自在地游泳、探索这里别致
的美景，然后在沙滩上舒服
地睡个觉，同时写博客推广这
个美丽的岛屿就好了。

▌➡ 诱人的工资待遇

如果你能得到作为这个
美丽岛屿的守岛人的一份6
个月的合约，那么你就可以
得到11万美元的报酬，而且
你还可以拥有一个带游泳池
的豪华套房作为你的房间。
哈哈，这样的工资待遇诱人
吧，你愿意随时出发吗？

我愿意！我愿意！我
随时准备出发！这个
职业实在是太棒了！

人类密码

　　朵朵也喜欢上了魔术。这不，她买了一本《魔术小窍门》打算自学成才呢。首先朵朵要学着练习"探囊取物"，但她看着眼前的这些道具有些犯难了，这些道具看起来都能派上用场，但是究竟哪个道具是真正用得上的呢？细心的你能帮帮朵朵吗？

A.草帽　　　　　　B.工作帽　　　　　　C.绅士帽

　　答案：C，魔术师的道具之一就是绅士帽，不仅仅因为绅士帽看起来正式，更因为里面可以隐藏机关。

菜品造型师——让食物更加诱人

 菜品造型师是什么？有这样的职业吗？

▌▶ 炙手可热的理由

随着人们生活水平的不断提高，"吃"已经不仅仅代表着简单的进食了，更多的人开始注重食物的"色香味"。这时，菜品造型师也就理所当然成为了一个炙手可热的职业。

▌▶ 图书菜品造型师

图书菜品造型师，是专指图书市场上菜谱类图书所需要的菜品造型师，他们负责菜品的造型、摆放、背景设计，并就灯光、角度等方面与摄影师沟通。当前菜谱类图书市场空间巨大，而菜谱类图书制

作的质量却良莠不齐。因此，图书菜品造型师在菜谱图书的制作中显得尤为重要。

▮▶ 装饰菜品造型师

装饰菜品造型师主要负责菜品的围边造型、餐具的选型搭配设计、自助餐展台的布置设计装饰。装饰菜品造型师不仅仅要对菜品的造型摆放精通，还要有一定的美术功底和很强的审美观。

哇，看起来真好吃啊！真想咬一口啊！可是世界上哪有可以白吃白喝的工作？

当然有，咱们去认识下美食评论家吧。

美食评论家——对食物"说三道四"

 美食评论家可以免费吃东西？我也想做美食评论家！

▐➡ 饮食文化的推动者

中国是一个美食大国，五千年的文明造就了悠久的饮食文化。饮食文化的发展必然有推动者，从某种程度上来说，美食评论家就是饮食文化的推动者，他们用挑剔的味觉对食物"说三道四"。他们一般在饮食杂志或报纸上撰写食评，或者为一些厨艺大赛担任评审员。

美食评论的历史

美食评论家听起来似乎是个新兴职业，其实它很早以前就已经出现了。中国古代的各个朝代中，都组织过美食评审活动，出现过一些知名的、具有代表性的美食评论家，如宋代的苏东坡、明末清初的李渔、清代的袁枚，他们不仅吃出了门道，更是

写了很多优秀的饮食名作名篇，对后世的饮食文化影响巨大。

香港食神

香港厨师梁文韬素有"食神"之称，他不仅仅是一位厨师，更是电视节目主持人及著名的美食评论家。梁文韬19岁便到湾仔荣华酒楼学厨，后来在新界元朗大荣华酒楼担任大厨，他以香港传统围村菜而闻名。凭借对饮食的丰富认识，梁文韬的"食神"形象在香港可以说是深入民心。

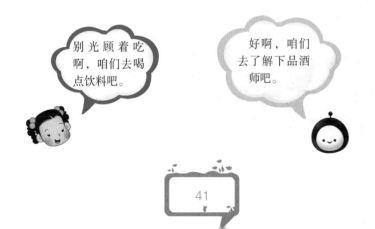

别光顾着吃啊，咱们去喝点饮料吧。

好啊，咱们去了解下品酒师吧。

品酒师——闻香品美酒

 光闻着这里的酒香我都快醉了呢。品酒师就是在这里工作吗？他们是怎样工作的呢？

➡ 喝酒赚钱

酒厂每次酿出来的酒都需要一个品酒师来确保这些酒的味道是达到要求的。但和普通人不一样的是，这些人喝酒是免费的，他们能喝到品质最好的酒，而且还会得到丰厚的报酬。怎么样，心动吗？

⇒ 品酒师真面目

一杯酒，轻摇两圈，闻着味道，把酒杯放在嘴边，轻轻啜饮一小口，然后发表对酒的观点，这就是品酒师。他们是应用感官品评技术评价酒体质量，指导酿酒工艺、储存和勾调，进行酒体设计和新产品开发的人员。日常生活中的酒就是在他们的指导下酿造的呢。

⇒ 品酒师的主要工作

品酒师的主要工作有：（1）对入库半成品酒进行分级和质量评价；（2）提出发酵、蒸馏工艺改进建议；（3）对酒的储存过程进行质量鉴定；（4）对酒的组合和调味方案进行评价；（5）对酒产品的感官质量进行监控；（6）选择合理的酿酒工艺技术；（7）对新产品的感官质量进行鉴定。

▌▶葡萄酒品酒师

葡萄酒品酒师是我们所熟知的一种
品酒师，他们凭着对味道高度灵敏的感
觉、丰富的经验和准确的判别能力，能
够准确判断出使用的葡萄品种、采用的
生产工艺、酒龄的长短以及酒的产地、
酒的风格特点，为老板进货把关。他们
还会帮顾客选择富有个性的葡萄酒，并搭
配不同的菜肴，使酒发挥出最佳品质。他们
也常参加一些高级酒会，向人们介绍酒知识、传播酒文化。

这样的工作听起来也真不错啊。

配音师——百变声音

这里是录音棚，看到那个人了吗？他就是我们要找的配音师。

▶ 幕后付出者

当你看着自己喜欢的动画片或者电视剧的时候，有没有注意到一些人正在用声音默默地勾勒出不同性格的人物；他们居于幕后，用来自幕后的声音赢得我们的赞叹。他们就是配音师，也就是为电影、电视、动画、外语节目或者幕后旁白配音的人。

不可或缺的理由

肯定有人要问了：为什么一定需要配音师啊？举例来说，动画片中的形象都是虚构的，它们无法发声，所以就需要配音师来配录它们的台词；外国电影要翻译成中文，也需要配音师来录翻译好的台词；有些演员的嗓音条件不太好、语音不标准或是不符合角色性格要求，也会让配音师来帮他配音。

配音也有程序

当配音师接到配音任务后，他要先熟悉一下配音环境和配音稿件，然后像我们在运动前要热身一样，他会先“热嗓”，让自己的嗓音保持最佳状态。接下来他会与导演沟通配音稿，研究需要什么样的声音。沟通好后他就进入录音棚试音，并配合调音师调音。这时，配音师要先调整状态，试音通过后才能正式开始录音。

▌➡ 熟悉的配音师

我国著名的配音师有童自荣、丁建华、乔榛等。你可能不知道，你所熟悉的"金龟子"——刘纯燕也是一个有名的配音师呢。在《铁臂阿童木》《哆啦A梦》《猫和老鼠》《小龙人》《红楼梦》《三国演义》《福娃》等影片中都能听到她的声音。

> 啊，金龟子居然是一位配音师？我喜欢的《福娃》中"贝贝"的声音来自于她！声音真神奇！

试睡员——睡觉也赚钱

 试睡员是做什么的呢？他们在哪里工作呢？

▶ 试睡能赚钱

如果我告诉你，只要你睡上一觉，醒来后就可以拿到高额的工资，你是不是觉得这是个骗局呢？其实不是，真有这么一种职业，只需要美美地睡觉休息就可以赚到钱，这就是试睡员。试睡员大致可以分为两种：豪华床试睡员和酒店试睡员。

▌➡豪华床试睡员

豪华床制造公司制造出了新的豪华床，他们需要有人能公正客观地评价他们的床，于是，试睡员就要工作了。试睡员要在豪华床上试睡一段时间，然后详细地说出他对这张床的感觉，以及床是否有缺点。根据试睡员的评价，工作人员会调整豪华床，让它变得更加舒适。

睡觉也能赚钱？这世界还真是无奇不有呢！

特工——小角色，大身手

前几天咱们刚看过"007"系列电影，现在咱们就一起去了解了解那些"狠角色"吧。

▌➡ 训练特工

想必你一定很好奇特工是怎样训练出来的吧。究竟需要哪些条件才能成为特工呢？首先，要经过严格的筛选，合格的人才能够进行接下来的培训。培训内容主要

包括：外语、心理学、格斗、风土人情、追踪与反追踪、情报网的建立和管理等众多科目，然后，特工还要进行长时间的实习才能开始执行特殊任务。

⫸ 特工的法宝

为了不引人注意，特工的法宝——使用工具也被设计得非常巧妙，比如口红手枪、扣眼相机、皮鞋发射机、毒雨伞、树桩窃听器等。值得一提的是口红手枪，它是20世纪60年代中期苏联特工使用的，从外观看它跟一般口红没有任何区别，但其实它是一支4.5毫米口径的单发手枪。

拿着口红手枪该多么威风啊，一定帅极了！等一下，我的手机响了，是一条转发的祝福短信。

转发祝福短信？刚好，咱们去了解了解那些"超短篇"作家吧。

51

🔒 人类密码

学校组织的"童话故事配音大赛"开始了！胖小虎第一个报了名，他早就想给国王那个角色配音了。

一拿到配音稿，他就不管不顾地录了起来，然后欢天喜地地拿着录好的音频文件去比赛了。他的录音一放出来，全场人都痛苦地捂住了耳朵，胖小虎深受打击。

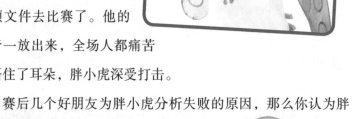

赛后几个好朋友为胖小虎分析失败的原因，那么你认为胖小虎失败的主要原因有哪些呢？

答案：没有做录音前的准备，即熟悉稿件、热嗓、调整声音。

短信写手——超短篇"作家"

 那个正在编写短信的人就是我们要找的短信写手了。

手机与短信写手

在这个信息时代，手机几乎可以算是我们最离不开的伙伴了。手指按几下，一条短信就能解决问题。尤其是逢年过节，一条温馨活泼有创意的短信可以拉近人与人之间的距  离，并且可以使大家开怀一笑。那些有趣温馨的短信一般来自于某些人手中，他们就是短信写手。

"指客"

短信写手还有一个可爱的名字，叫"指客"。他们用短篇文字在手机背后逗人们乐，用智慧火花迸发出一条条表达祝福

或是传递快乐的"文学作品"。很多人打心眼里说道："我们该怎样表达我们对短信写手的感谢？如果没有他们的作品，或许我们早已把大拇指磨出了老茧。"

▐➡成为高薪"指客"

做一名"指客"，"文笔要好，乐感要强，创意要棒，幽默要搞"是最主要的，这样作品才不会石沉大海，而且很可能成为年度流行语呢。当然，"指客"的工作可不是无偿的，要知道，短信的稿费是由转发量决定的，转发量越高，稿费就越高。如果转发量达到百万次的话，稿费甚至能超过千元呢。

原来转发短信的背后还有这么一个职业存在啊，我从前都不知道呢。

秒杀客——抢购才是王道

 秒杀客是什么？是刺客吗？

 哈哈，小书呆你整天就知道看书，连秒杀客是什么都不知道。

➡ 秒杀客出现了

"今天你抢了没？""今天你秒杀了吗？"最近，以参加限时、限量特价抢购为乐的"秒杀客"在网络上悄然风行。这些网购新贵一族用自己的亲身行动生动地诠释了"时间就是金钱"的格言，俨然成为了一股日益壮大的时尚消费新势力，并且在网友中迅速流行起来。

➡ 抢购也有门道

"秒杀"不仅仅是一个动词，更是网络秒杀客们的一种生活态度。在热爱秒杀的网友看来，其实"秒杀"拼的不仅是专注和运气，而且还有很高的"技术"要求。首先他们要先找到自己感兴趣的商品，看中的话就立刻填写好收货地址，然后提早守候在抢购页面，一到抢购时间点就迅速按下鼠标确认订单，这样才有可能在几百万网友中成功抢到喜爱的商品。

▶ "抢购文化"

"秒杀"这一种新奇的"抢购文化"大大刺激了消费者的购买欲望，从而形成了一种娱乐性质浓厚的抢购文化消费潮。"秒杀客"能在网上如此流行，除了能以远低于市场价的超值价格买到心仪商品外，更是在追求一种瞬时抢购的刺激，而"秒杀"得手的成就感更是不言而喻了。

当然啦，网络上不是只有"秒杀客"这一种人，还有一种人和我们的学习有关系，先卖个关子吧。

网络家教——隔着电脑的老师

哈哈，原来ABC卖的关子是网络家教啊，网络家教我熟得很，因为我就有一位网络家教老师呢！

网络上的老师

网络家教，又被称为远程家教、网上家教。网络家教老师能够借助专业的网络家教平台，与学生通过网络实现面对面实时辅导。家教老师可以在专业的家教白板上写字、画图、做标注为学生上课，而白板的教学内容也可以保存下来。而且，学生在白板上提问或者回答问题，老师也能看到。

网络家教发展历程

中国网络家教起步于2005年，那时主要是个人以QQ等即时聊天工具给学生授课为主，其特点是：教师与学生本身认识，所教授科目主要集中在语言类。到了2008年，由于QQ授课有很大局限性，于是人们研发了白板等功能。在2009年，网络家教开始以公司化的形式运作，不仅仅实现了白板功能，更实现了语音、视频、课件的同步共享。

▶ 优势看得见

与传统家教相比，网络家教其实有很多便利之处。比如，网络家教的价格比传统家教便宜一半，方便快捷，只要连上网，随时可以上课；而且家教老师可以使用更多与教学相关的图片、音乐、视频等，从而调动学生的学习积极性。它不受空间制约，远在边疆的学生也可以拥有一位北京的家教老师呢。

听起来是很不错呀，我也要让爸爸给我请一位网络家教。

"职业美人鱼"——将童话变成现实

 朵朵快来看，你不是最喜欢童话里的小人鱼嘛。

➠ 真人版的"职业美人鱼"

澳大利亚悉尼水族馆"美人鱼湖"开幕当天，畅游在湖水里的金发"美人鱼"吸引了众人的目光。她就是33岁的"职业美人鱼"汉娜·弗雷泽。

➠ 将梦想变为现实

以扮美人鱼为工作，这听起来是不少小女孩梦想中的生活。同样，弗雷泽从童年起就幻想着成为"美人鱼"。3岁时，美人鱼和小仙女成了弗雷泽绘画的主题；9岁时，她用桔红色塑料给自己做了第一条鱼尾；成年后，她步入时尚界，成为一名专业模特，但仍然怀揣着成为美人鱼的梦想。

▌➡ "职业美人鱼"——弗雷泽

作为"职业美人鱼",弗雷泽优美的身姿和与水融为一体的感觉让观众如醉如痴。当她穿上鱼尾跳进湖水中的时候,她迷人的金发和优美的身姿在水中绽放出夺目的光环,她将自己对于美人鱼的满腔热爱化成了一种本能的表现力。

世界真奇妙呀,我好喜欢这份工作。

鹦鹉训练师——和鹦鹉做同事

 这里好热闹啊，原来有很多鹦鹉在学舌。

▌➡ 首先要了解鹦鹉

鹦鹉生性敏感，要与它长期相处博得信任，它才会乖乖地站在人的手上，若陌生人伸手逗弄，就会有被咬的危险。鹦鹉毕竟是动物，不是每场表演都会乖乖听话，这全靠训练师的诱导。

▌▶ 鹦鹉训练师的工作内容

每天早上7点半，鹦鹉训练师郭鸣修就要替他的10位"同事"清大便，如果"同事"身体健康、心情好，就会跑到他身边撒娇。然后郭鸣修就和它们聊聊天，复习基本训练，然后忍受"同事"的聒噪，等观众上门。

▌▶ 聪明的鹦鹉

他的"同事"是10只身怀绝技的金刚鹦鹉，有的会骑单车，有的会投篮，有的还会数学加减。聪明的鹦鹉还会简单的加减法，它看到题目之后，便会把答案牌叼出来，交给训练师。

我家的鹦鹉还不怎么会说话，看来我应该好好训练它了。

糖果品尝师——最甜蜜的工作

 还有糖果品尝师这种工作吗？太幸福了。

▌➡ 小小"糖果品尝师"

糖果品尝师专门品尝糖果新品，负责为糖果生产厂家提供意见或建议。12岁的哈利·威尔舍来自英格兰艾塞克斯郡比利列卡尔镇，与同龄孩子一样，包装精美、甜蜜美味的各式糖果是他的最爱。别看哈利貌不惊人，甚至还戴着一副牙箍，可是他拥有与生俱来的超人味觉。

▌➡ 夺冠经过

在日前由英国老牌糖果公司"Swizzells Matlow"举办的一次品尝竞赛中，他从上千名竞赛者中脱颖而出，一举夺得冠军。当时比赛进行得异常激烈，轮到哈利上场时，他首先朝着诸位评委礼貌地鞠了一躬，然后拿起一根他最喜欢的"鸡腿棒

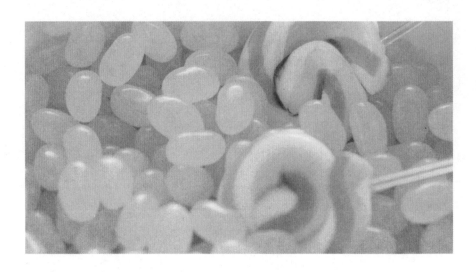

棒糖"。接着，他用鼻子闻了闻，再将棒棒糖送到了嘴中。当他将棒棒糖的味感和配方一一道来的时候，所有的评委全都惊得目瞪口呆。要知道，这可是这家糖果公司的"最高机密"。

▌▌➡ 世界上最甜蜜的工作

哈利被当场聘为"首席品尝师"，也成了该公司迄今最年轻的"首席品尝师"，从而拥有了一份"世界上最甜蜜的工作"。他的任务是每3个月品尝一批最新糖果产品，不过不能向任何人透露秘密。公司不仅为他专门印制了精美的名片，而且还派专人带他将工厂的里里外外参观了个遍。

看来不管从事哪种工作，只要是金子，总会发光的。

红客——正义的网络维护员

 我只听过"黑客",但从没听过"红客",红客到底是什么呀?

▐➡ 红色精神为标志

在中国,红色有着特定的价值含义:正义、道德、进步和强大。那红客究竟是什么呢?红客是一种精神,这种精神是存在于技术能力之前的,这是一种热爱祖国、坚持正义、开拓进取的精神,所以只要具备这种精神并热爱着计算机技术的黑客都可称为红客。

▐▶红客出击

红客有着不成文的规定，那就是必须维护国家利益，不利用网络技术入侵自己国家的电脑，将技术用于维护正义，为自己国家争光。他们通常会利用自己掌握的网络技术去维护国内网络的安全，并对外来的网络进攻进行还击。

▐▶红客、蓝客、白客与灰客

红客，是维护国家利益，极力维护国家安全与尊严的黑客；蓝客是用自己的力量来维护网络的和平，提倡爱国主义的自由黑客。白客，又叫安全防护者，他们使用黑客技术去做网络安全防护。灰客，也称骇客、破坏者，他们是不折不扣的网络破坏者，蓄意毁坏网络系统，恶意攻击网络。

好啦，千奇百怪的职业我们也了解了一些，可别忘了我们的假期作业！走，我带大家再去了解了解世界上一些民族的奇特风俗习惯吧。

第二章
Chapter Two
奇特的风俗习惯

　　ABC不愧是21世纪最厉害的机器人，听说接下来它要带着朵朵他们几个环游世界呢！这可不是简单地环游世界，而是去不同的地方了解不同的民族风情。从中国到世界，奇特的风俗习惯无处不在，快跟上他们一起去见识见识吧！

藏族——神秘的天葬

 我在书上看过，天葬的过程让人害怕也让人敬畏，而且天葬一般是不允许观看的，所以我跟大家讲一讲吧。

▶ 神秘的葬俗

　　天葬是藏族一种普遍的葬俗，尸体放在天葬台上，折断四肢，背朝着天，从尸体中央和两肩部位用力撕开皮肤露出肌肉，天上的秃鹫会铺天盖地地来啄食尸体。当天葬台上只剩下骷髅时，天葬师用石头将骷髅敲成骨酱揉成一团，秃鹫再次食尽散去，周围的人开始长跪顶礼。这就是天葬。

▐➡ 仪式规则

天葬仪式一般在清晨举行。死者家属在天亮前要把尸体送到天葬台，当太阳徐徐升起时，天葬仪式正式开始。天葬以尸体被吃得干干净净为最吉祥，这说明死者没有罪孽，灵魂已经安然升天。如果尸体没有被秃鹫吃净，那么天葬师要将尸体的剩余部分拣起来焚化，同时念经为这个人超度。未经允许，我们最好不要去观看天葬，因为这是不礼貌的行为。

▐➡ 天葬师

专门从事天葬的僧人被称为天葬师。天葬师守在天葬台的尸体旁边，仪式开始后，他就会举起手中特殊的海螺，对着天空吹响。然后，他燃起桑烟，摇动铃鼓，开始为死者诵念超度经。随着浓烟升空，呼唤而来的秃鹫便落在天葬台不远的地方，接着铺天盖地的乌鸦也纷纷落在天葬台周围。

➡ 秃鹫

藏族人认为天葬台周围山上的秃鹫，除了吃人的尸体外，不伤害任何小动物，是"神鸟"。而秃鹫翱翔天空，是离天上神明最近的物种，所以藏族人会把人的尸体交给秃鹫，希望它们能带此人上天堂。秃鹫应声而来啄食尸体，然后离去。

小书呆你知道得真多！爸爸也告诉过我秃鹫的视力很强，它们一般生活在高寒地区，是青藏高原上很常见的一种动物。

达斡尔族——黑灰日的吉祥

 大家知道达斡尔族吗？今天，我们就去拜访达斡尔族人吧。

⏩ 黑灰日

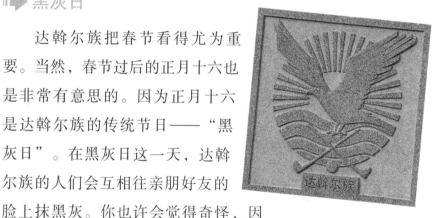

达斡尔族把春节看得尤为重要。当然，春节过后的正月十六也是非常有意思的。因为正月十六是达斡尔族的传统节日——"黑灰日"。在黑灰日这一天，达斡尔族的人们会互相往亲朋好友的脸上抹黑灰。你也许会觉得奇怪，因为黑灰抹在脸上真不怎么好看，但是达斡尔族人不这么认为，他们认为在这一天脸抹得越黑，新的一年就会越吉利。

"达斡尔"的意思是"开拓者"。17世纪中叶，这个民族为了维护祖国统一，打响了武装抗击沙俄入侵的第一枪呢。

独龙族——鲜为人知的纹面女

咱们现在出发去云南独龙江吧，顺便去看看在那里生活的独龙族。

▌▶ 纹面习俗

独龙族妇女有着纹面的习俗，女孩子长到十二三岁，就需要纹面。她们先用竹签蘸上锅底的烟灰，在眉心、鼻梁、脸颊和嘴的四周描好纹形，然后请人一手持竹钏，一手拿拍针棒沿纹路打刺。每刺一针，就将血水擦去，马上敷上锅底烟灰。三五天后，皮肉上就呈现出青蓝色的斑痕，

它们组成了擦洗不掉的面纹。不过现在这个纹面的习俗已经逐渐消失，只有一些年长的独龙族妇女脸上还留有纹面的痕迹。

我从前听说过独龙族的纹面女，还以为只是传说，没想到真的有呢。

人类密码

　　朵朵的爸爸是一位生物学家，最近他正在写一篇关于秃鹫的生活调查报告，但是写报告就一定要先去调查研究，于是他决定亲自去一趟秃鹫生活的地方。那么你认为朵朵的爸爸应该去哪里了解秃鹫的生活习性更好一些呢？不妨把你的想法告诉他吧。

　　答案：青藏高原，秃鹫生活在高寒地区，青藏高原上最为常见。

摩梭族——独特的走婚

 走婚？那是什么？难道是结婚要走很长的路吗？

走婚习俗

走婚是少数民族摩梭人的习俗。摩梭人走婚有两种方式：一种叫"阿注"定居婚；一种叫"阿夏"异居婚。不管哪种婚俗都得举行一个古老的仪式，叫"藏巴啦"，意思是敬灶神菩萨和拜祖宗。仪式在女方家举行，时间一般在半晚，不请客，也不收礼，也不邀请朋友参加。

▶ "阿注" 定居婚

摩梭族的男女青年通过"走婚"仪式后或从男女双方家搬出居住在一起，或男方到女方家居住，也有女方到男方家居住的，但后两者并不多见。他们长年相守、生活在一起，抚养着下一代。这种定居婚为"阿注"定居婚。

▶ "阿夏" 异居婚

白天男女青年各自在母亲家吃饭劳动，到了晚上，女方敞开婚房的窗户等待自己的心上人。男方到了女方的窗前，女方就会打开窗让他进来，然后把窗户关上。如果有了孩子，那么生下的孩子随女方一起生活。这就是"阿夏"异居婚。

原来这就是走婚啊，我从没听说过呢。

哈哈，奇特的风俗习惯多得很呢。哎呀，时间快来不及了，咱们要赶去参加那达慕大会啦。

蒙古族——热闹的那达慕大会

哇，七月的锡林郭勒大草原真热闹啊！一定是那达慕大会开始了。

热闹的草原

农历六月初四，在这个草原景色最美、牛羊最肥壮、马奶酒口感最醇的季节，蒙古草原上的那达慕大会开始啦。白天摔跤、赛马、射箭，比比谁是最威武的勇士；夜幕降临，草原上飘荡着悠扬激昂的马头琴声，篝火旁男女青年轻歌曼舞。人们沉浸在节日的欢乐之中，真是要多热闹有多热闹啊。

那达慕大会的历史

那达慕大会已有近800年的历史，它的前身是蒙古族的"祭敖包"。那达慕大会起源于蒙古汗国建立初期，早在公元1206年，成吉思汗被推举为蒙古大汗时，他为检阅自己的部队，维护和分配草场，便在每年7～8月间举行"大忽力革台"（大聚会），将各个部落的首领召集在一起，为表示团结友谊和庆祝丰收。这就是那达慕大会的前身。

▌▶ 主要体育项目

那达慕大会的主要内容有摔跤、赛马、射箭、套马、下蒙古棋等民族传统项目，有的地方还有田径、拔河、排球、篮球等体育竞赛项目。此外，那达慕大会上还有武术、马球、骑马、乘马斩劈、马竞走、乘马技巧运动等精彩表演。

这里太热闹了，而且食物又这么好吃，我都不想走了！

快别贪吃啦，咱们还要去下一个地方呢！

满族——节日必备的体育活动

满族人身形彪悍，这和他们爱运动是分不开的。满族节日里的体育活动非常有意思哦。

➡ 节日里的体育活动

满族的节日主要有春节、元宵节、二月二、端午节和中秋节。节日期间一般都要举行珍珠球、跳马、跳骆驼和滑冰等传统体育活动。这么多的体育运动你是不是觉得很新奇呢？这其中最有意思的要数珍珠球了。珍珠球这项活动是由模仿采珠人的劳动演变

而来。三名手拿蚌型木拍的队员站在对方捕珠者前面拦截珍珠，其他三名队员下"水"与另一队队员争夺珍珠，把珍珠投入自己队持网人的网里就算得分。怎么样，你是不是也觉得很有意思呢？

看起来真有意思。

壮族——"三月三"的歌声

载歌载舞过节日才有意思，壮族"三月三"的歌声真动听。

Ⅱ➡ 唱出感情

　　"三月三"对壮族人来说是一个重要的节日。相传这是为纪念壮族歌仙刘三姐而形成的节日，故又称歌仙节。在这一天人们会搭好歌棚，举办歌会。壮族青年男女们会在歌会上对歌，你唱一句我唱一句。因为有情人可以在歌会上用歌声谈情说爱，所以歌声不仅仅唱出了欢乐，还唱出了感情呢。

▋➤ 刘三姐

相传刘三姐是唐代壮族的一位农家女，自幼聪颖过人，被视为"神女"，12岁就能通经传，指物索歌。她能够自编自唱，歌如泉涌，优美动人，不失音律，故有"歌仙"之誉。但是她为了抗拒逼婚，与情人张伟望私奔，不知所终。民间说他们二人双双成仙而去。"三月三"就是纪念刘三姐的节日。

▋➤ "三月三"，扫墓去

"三月三"不仅是一个有歌会、可以听到美妙歌声的日子，更是一个纪念逝去亲人的日子。在这一天，很多壮族人都会蒸好壮族特有的五色糯米饭，然后带上食物、酒水给逝去的亲人扫墓。这么说的话，"三月三"还弥漫着一些忧伤呢。

> 壮族的"三月三"居然有这么多故事啊。

羌族——一碗"收成酒"

 既然来到羌族，咱们就要提一提"收成酒"。

⇒ "收成酒"，好日子

农历十月初一是羌族的年节。年节的宴会又称"收成酒"。在年节这天，羌族全寨人都要到"神树林"还愿，焚烧柏香来孝敬祖先和天神。这天不仅要准备好丰盛的饭菜，还必须准备好香醇的美酒。一碗"收成酒"，日子会更好。

原来"收成酒"的意义这么重要啊，真奇妙。

"收成酒"我喝不了，但是真想尝尝羌族的丰盛饭菜！

佤族——火最重要

 火不就是用来烧火做饭取暖的吗？它能有什么特殊意义啊？

 这你就不知道了，火的意义可大着呢！

⮞ 火的意义

如果你要问佤族人什么最重要，他们一定会回答你："火。"为什么在佤族人眼中火最重要呢？原来，燃烧的火焰对于佤

族人来说意味着平安。佤族还有一个特有的节日——"取新火节"。在一年一度的"取新火节"上，佤族人都会将上一年的旧火熄灭，然后由德高望重的老人用古

朝鲜族——同姓不婚

你们快看，那是朝鲜族的婚礼，真热闹啊！

的确很热闹，但是你们知道朝鲜族有一个很特殊的婚俗吗？

▌▶ 奇特的婚俗

朝鲜族和汉族一样，都是一夫一妻制，但是朝鲜族有一个奇特的婚俗，那就是——"近亲、同宗、同姓不婚"。所谓"近亲、同宗、同姓不婚"是指如果朝鲜族男女双方有亲戚关系、祖宗相同或者是同一个姓氏的话，就不能结婚。为什么相同姓氏不能结婚呢？原来，相同姓氏的话朝鲜族就认为男女双方有着同一个祖先，身上的血液是相通的，所以绝对不能结婚。但是这种情况在现代已经慢慢有所变化了。

赫哲族——河灯里的祈祷

 这里就是赫哲人居住的地方吗？这么晚了怎么还这么热闹啊？

▮▶ 河灯节

赫哲族人称自己的民族为"赫哲"，是因为这个名字包含着"居住在'东方'及江'下游'的人们"的意思。赫哲人临江水而居，放河灯自然是少不了的。河灯节是赫哲族的民间传统节日，世世代代靠捕鱼为生的赫哲人，年年都会在农历七月十五日放河灯、祭河神，以此来祈祷、祝福族人平安，捕鱼丰收。河灯随波远去，带走的不仅仅是一盏灯，更是赫哲人深深的祈愿。

白族——历史悠久的"三月街"

"三月街"是什么节日？和壮族的"三月三"是同一个节日吗？

➡ 不得不说的"三月街"

"三月街"和"三月三"可大不相同。"三月街"是白族一年一度最盛大的节日，它已有上千年的历史，现在被正式定名为"三月街民族节"。"三月街"又名"观音市"，每年农历三月十五至二十日在大理城西的点苍山脚下举行。最初它带有宗教活动色彩，后来逐渐变为一个盛大的物资交流会。到了明清时期，川、藏及江南各省的商人在这个时候会到这里进行贸易。新中国成立后，"三月街"已发展成为一年一度的物资交流和民族体育文艺大会了。

京族——热闹在唱哈节

 京族人喜欢唱歌？我也喜欢！我也要和他们一起唱！

➡ 通宵达旦唱哈节

哈节，又被称为"唱哈节"，是京族的传统歌节。所谓"唱哈"其实就是唱歌的意思，意味着通宵达旦，歌舞不息。京族人在农历正月二十五、六月初十和八月初十时，要过最隆重的"哈节"，由歌手也就是京族人所选出的"哈妹"轮流唱歌。唱哈节热闹得很呢，要连续进行三天三夜。京族人在唱哈节一边吃着可口的食物，一边喝着香醇的美酒，一边听着人们唱歌，真是要多快乐有多快乐。唱哈节一般会在哈亭举行，哈亭是具有京族独特民族风格的建筑。

塔塔尔族——春天里的撒班节

 说起塔塔尔族，我们就一定要了解一下塔塔尔族人最注重的撒班节。

▮➡ 唱吧，跳吧

塔塔尔族盛大的节日——撒班节，又称"犁头节"，一般都会在春天风景优美的地方举行。能歌善舞的塔塔尔族人酷爱戏剧、音乐和歌舞。塔塔尔族的音乐节奏鲜明动听，旋律流畅华丽、热情。塔塔尔族主要的传统乐器有木箫和口琴，此外还有手风琴、曼陀铃、七弦琴和小提琴等乐器。

在这样盛大的节日里，塔塔尔族人都要跳起传统舞蹈，唱起特有的民族歌曲，吹奏传统乐器。在撒班节的歌舞活动中，依据塔塔尔族的传统舞蹈习惯，一般由女子来扮演男性角色。

土族——节日离不开美食

 为什么土族的节日离不开美食呢？过节不都是载歌载舞吗？

➡ 节日里的美食

土族许多节日和美食的关系十分密切。比如，过春节时要蒸花卷、馒头，炸油饼；到了端阳节，要做凉面、凉粉；中秋节要做多层大月饼，这种大月饼与其说是月饼，还不如说是大馒头；十月初一要吃饺

子；腊月初八要用土族人最喜欢吃的豌豆面做"搅团"；腊月二十三晚上做白面小饼，还要在小饼上刻出菱形的图案。怎么样，看了这些你是不是大吃一惊呢？土族的节日真是离不开美食啊。

人类密码

　　知道了土族的节日离不开美食后，朵朵开始思考汉族的节日与美食的关系。仔细想想，我们汉族的节日其实也离不开美食，在不同的节日吃不同的食物。现在，请你仔细想一想，哪些美食很有节日特色呢？举个例子，正月十五吃元宵。

　　答案：农历五月五的端午节吃粽子；农历八月十五的中秋节吃月饼；农历十二月初八的腊八节要喝腊八粥。

俾格米人——矮人国的矮人舞

 俾格米人的个子都很矮吗？他们的舞蹈有什么特别之处呢？

▌➡ 美妙的矮人舞

俾格米族生活在中非，他们是名副其实的"小矮人"，因为俾格米族人身高一般只有1.3米左右，1.45米就算得上是巨人了。小个子的俾格米族人很喜欢跳舞。跳舞前，他们会把红、黄、紫、棕、黑色的泥土加上水拌成泥浆抹在脸上。随着酋长一挥手，参加舞会的人们围成一个大圆圈，伴着长鼓等古老乐器发出的美妙声音翩翩起舞。

穆尔西人——大嘴是绝色

 这里女人的嘴里怎么都放着圆盘啊？这圆盘代表了什么呢？

➡️ 以大嘴为美

埃塞俄比亚有着不少奇特的风俗，穆尔西部落妇女的大盘子嘴就是埃塞俄比亚独特的风俗之一。穆尔西妇女从十岁开始就往嘴里放盘子，她们的嘴里可以放下直径十几厘米的大盘子，虽然把嘴撑得大大的，但是穆尔西人以此为美。

➡️ 大嘴的手术

别以为穆尔西女人的嘴天生就能放进去大盘子，她们的大嘴是经过手术"制造"出来的呢。这个手术是用小刀将下嘴唇和牙龈之间切开一个口，使下嘴唇与齿龈分开；然后，放一个

小盘子把口子撑开，使它不能愈合，日后逐渐将小盘子换成大盘子。这个过程伴随着穆尔西女孩成长为女人。

▌▶ 解读奇特的审美观

穆尔西人以大嘴为美，这个传统的由来已经无法考证。但人类学家认为这个传统有三种解释：一是为了防止外族入侵和奴隶主侵犯；二是防止魔鬼从嘴巴进入身体；三是美丽的标志。不管怎样，在穆尔西人眼中，嘴里的盘子越大，姑娘的身价也就越高。

穆尔西人的审美观还真是奇特啊。

马来西亚人——没有固定的姓氏

 我们大多数人都有姓氏，但是为什么马来西亚人没有固定姓氏呢？

▌➡ 只有名，没有姓

马来西亚是一个很注重礼节的国家，但是你可知道，马来西亚最引人注目的并不是他们的礼节，而是他们的姓氏。马来西亚人通常只有名字，没有固定的姓氏。在他们眼里，姓氏并不是一个多么重要的存在，他们也完全没有看重姓氏的意识。在马来西亚，儿子一般

以父亲的名字做自己的姓氏，父亲则又姓祖父的名字。你也许会担心马来西亚人难以认祖归宗，没关系，因为他们对此并不重视。

柬埔寨——时间颠倒的婚礼

 柬埔寨的婚礼有什么特别吗？为什么说是"时间颠倒"呢？

▌➡ 婚前"蔽日期"

在柬埔寨，农村的女子一般在十五六岁就要结婚，男子则在二十岁左右。传统婚俗对女子的约束非常严格。女子到了结婚年龄，父母就要把她关在房间里，请僧侣来诵经祝福，到了规定日期女子才能出门。这期间被称为"蔽日期"。在这段时间，女子不能见任何男子，即使是父亲和亲兄弟也不例外。"蔽日期"结束前父母不允许女儿找对象结婚。

▌▶破晓时的订婚

"蔽日期"一结束，女孩子就可以嫁人了。女孩子嫁人之前先要订婚。柬埔寨的订婚和我们的订婚不一样，他们的订婚仪式是在破晓时分举行。这时候天蒙蒙亮，在第一束朝阳洒落在这一对新人身上时，他们约好要在以后漫长的岁月中同甘共苦。

▌▶夜晚的婚礼

你有没有听说过谁的婚礼在夜晚举行？哈哈，柬埔寨人的婚礼就是在夜晚举行。午夜十二点，要举行柬埔寨婚礼中最重要的"拴线仪式"。新郎新娘双手合十，双方父母和长辈把两三根丝线缠绕在新郎新娘的手腕上，表示把两颗纯真的心和两个家族紧紧地连结在一起，并且让星光见证他们的婚姻！

哇，星光下的婚礼听起来也很浪漫呢！

95

泰国——猴子的盛宴

猴子的盛宴？那是什么？

⇒ 为猴子过节

在泰国有个关于猴子的神话，说是猴子盟国给予了泰国Lopburi省今天的自由。因为深信着这个神话，所以泰国Lopburi省每年都要邀请当地山林中的600只猴子，为它们提供丰盛的水果和蔬菜大餐，以表示知恩图报。这场为猴子过的节日虽说让人有些感动，但是据说一年一度的"猴子的盛宴"每次都要消耗3000千克的水果和蔬菜呢！

印度——缤纷彩色节

 彩色节？难道要在这一天画画吗？

➡ 欢乐的彩色节

印度的胡里节也被称为彩色节，是为了庆祝春天来临的节日。在这一天，人们互相投掷彩色粉末和水，然后让身体变得五彩斑斓。印度人看着五彩斑斓的自己会很开心，因为春天是病毒性感冒和发热的高峰期，而彩色粉末里包含了很多草药粉末，所以可以预防疾病。其实仔细想一想，印度的彩色节与中国傣族的泼水节有几分相似呢。

乌克兰——奇特的婚礼习俗

 听说乌克兰的婚礼习俗很特别，"行动决定婚姻"这句话形容乌克兰人的婚礼再贴切不过了。

▌▶ 绕桌子，画十字

对乌克兰人来说，从说媒、相亲、订婚到婚礼，都有一整套习俗。首先，有专职的媒婆，常用"你家中有奇货，我手头有买主"这句话当开场白，探听女方家的口气。如果女方的父母同意这门亲事，就和媒人一起绕桌走三圈，再对神像画个十字，然后商谈相亲的事宜。

⫸南瓜拒婚事

乌克兰人正式成亲之
前，男方家长要双手端着
盛有包子的托盘，来到女
方家与亲家聚集一堂为双
方儿女的婚事做最后的商
谈，这叫"定弦日"。如
果女方不愿意这门婚事，

就将一个大南瓜放在众人面前，表示"拒婚"，男方家长便悄
然辞去。

⫸相亲记

相亲这一天，媒人把小伙子及小伙子的父母带到姑娘家。
见面后，姑娘的母亲端来一碗蜜糖水，如果小伙子一饮而尽，
就表示他相中了，如果没有相中，就只用嘴唇沾一下杯子。相
中后，双方就商定彩礼。乌克兰人的彩礼一般包括首饰、衣
服、家具和生活用品等。

哈哈，原来乌克兰的婚
礼习俗都藏在动作中，
怪不得会说"行动决定
婚姻"呢！

墨西哥——吃"许愿葡萄"迎新年

 过大年吃葡萄？我还是第一次听说呢。

▐▶ 吃葡萄祈愿

新的一年将要来到时，世界各地的人们都会以各自独特的风俗习惯辞旧迎新。但是和普通的年夜饭相比，墨西哥"辞旧迎新"的方法显得有些与众不同。在墨

西哥，人们是吃着"许愿葡萄"迎新年的。葡萄是每一个墨西哥家庭年末必备的食物。辞旧迎新的钟声每响一下，人们就会吃下一颗"许愿葡萄"，一共要吃12颗，每吃一颗许下一个心愿，求"平安"、"幸福"、"健康"和"财富"，并且祈祷新的一年中的每个月都吉祥如意。

秘鲁——太阳万岁

 太阳对于秘鲁有什么特殊的意义吗?

⇒ 欢庆太阳节

每年在秘鲁的库思科举行的太阳节越来越受到拉丁美洲人的重视。太阳节期间,妇女们会把大街打扫得很干净,寓意驱除邪魔。人们都聚集在秘鲁的印加遗址那儿参加庆典。举行典礼时,一位男子装扮成印加首领,将玉米酿制的传统饮品倒在地上,象征着对大地母亲的献礼。之后,典礼达到了高潮:民族音乐响起,秘鲁女子跳着欢快的舞蹈,美丽的舞姿是她们对太阳的献礼。

西班牙——西红柿节里的狂欢

 西红柿难道不是用来吃的吗？它还能用来做什么呢？

 西红柿在西班牙人手里，就变成了狂欢的象征呢。

▌➡ 西红柿节的传说

传说有一天，西班牙布尼奥尔镇里的一个小乐队吹着喇叭招摇过市，领头者更是将喇叭吹得翘到了天上。这时，一伙年轻人突发奇想，抓起西红柿向那喇叭筒里扔，并且跟大伙比试，看看谁能把西红柿扔进去。这就是西班牙西红柿节中的"西红柿大战"的来历。

▌➡ 热闹的西红柿节

西班牙西红柿节始于 1945年，在每年8月的最后一个星期三进行，是世界上知名度最高的狂欢节之一。每年的这个时候，西班牙东部小城布尼奥尔都会举行一年一度的民间传统节日——西红柿节。当地民众以及来自世界各地的游客共3万多人，用100多吨西红柿当武器展开激战，使整个市中心变成了"西红柿的海洋"。游戏规则是西红柿必须捏烂后才能出手砸人。

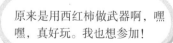

原来是用西红柿做武器啊，嘿嘿，真好玩。我也想参加！

人类密码

　　墨西哥人会在新年到来之际吃"许愿葡萄"许愿，钟声每敲响一声吃一颗"许愿葡萄"。十二声钟声，十二颗葡萄，十二个愿望。如果你是墨西哥人，你会在新年到来之际许哪十二个愿望呢？把你的愿望写下来吧，说不定它们会实现呢。

　　我的愿望：

威尼斯——面具文化

 这些面具真漂亮啊！它们是用来做什么的呢？

这些就是威尼斯面具节上的主角呀。

▌➡ 最华丽的假面舞会

威尼斯的面具文化在欧洲文明中独具一格，威尼斯也是极少数把面具融入日常生活的城市。18世纪以前，威尼斯居民生活完全离不开面具，人们外出，不论男女，都要戴上面具，披上斗篷。后来这种行为演变成欧洲最具有情调、多姿多彩的节日。威尼斯狂欢节最主要的特点是权贵和穷人可以通过面具融合在一起，在面具的后面，社会差异暂时被消除。在这华丽的假面舞会里，这个小共和国，毫不费力地完成了其他国家要通过革命才能实现的社会大融合。

佛罗伦萨——让马车爆炸

 什么？马车要爆炸了？快跑啊！逃命要紧啊！

 哎呀，胖小虎，马车爆炸节早就过啦！我不过是带大家来佛罗伦萨看看罢了！

➡ 爆炸的马车做预言

意大利的马车爆炸节代表了意大利的奇特风俗。四月复活节的星期日，150多名穿着15世纪服饰的士兵和乐师伴

随一辆插满献花装满火药的马车，从佛罗伦萨的普拉多广场走到大教堂广场附近。之后，一支和平鸽形状的火箭从祭坛射出，击中教堂门前空地上的马车，马车喷出旋转的焰火然后爆炸。随后佛罗伦萨人会从广场鸽子的起飞路线中做出对未来的预言。

加拿大——牛仔的Party

 快看，那些人是牛仔！太帅啦！这时候的加拿大怎么这么热闹呢？

▌▶ 牛仔节前的游行

加拿大的卡尔加里牛仔节，在每年7月第一周的周五拉开序幕，历时10天。早上9：30，牛仔节前的游行活动开始了。游行队伍的前头，有威风凛凛的警车开道，最后有警车收尾。当中有近百万代表着英、法、美、德、中、韩、非裔的加拿大人、土著居民方队参加游行。他们载歌载舞，共度佳节。

▌➡赛马场上的表演

牛仔节期间，赛马场的每天下午和晚上都有精彩的表演。牛仔们骑在野性十足、凶猛狂暴的牛背上或马背上被颠得前仰后合，放荡不羁的

牛、暴跳如雷的马，总是企图将牛仔甩下去。参赛的牛仔们想取胜，必须适应牛、马狂跳的节奏，牢牢地抓住绳索，或在一头巨大的布拉公牛背上待8秒钟，被摔下后还要安全逃脱愤怒公牛的牛角和牛蹄的攻击。

嘿嘿，你们是不是也觉得当一个牛仔很帅呢？其实当一个农夫也是很有意思的！

美国——农夫运动会

 咦？农夫也有运动会吗？

▶ 热闹的"农夫运动会"

美国的东都柏林市虽然从前名不见经传，现在却因为一个热闹的节日而被人熟知，那就是"农夫运动会"。"农夫运动会"始于1996年，当时是作为一个另类的亚特兰大奥运会而举办的。这个运动会和我们平时所熟知的运动会一点都不一样，因为比赛项目并没有我们熟悉的田径项目，而是包括了掷马蹄铁、掷车轮盖、咬猪脚、跳泥浆及吐种子等。这些比赛项目全部和农夫的工作有关，是名副其实的"农夫运动会"哦。

波士顿——"僵尸"街上走

啊！好可怕，救命啊！街上有僵尸啊！

朵朵别害怕，这不过是波士顿的"僵尸节"罢了。

◀ "僵尸"的游行

从2005年开始，美国波士顿会举行一年一次的"僵尸游行节"。在这一天，波士顿的青年男女们会身穿"血衣"，将自己打扮成"僵尸"的样子，然后满目狰狞地在大街上游行，前往哈佛广场。听说，这个节日的组织者之所以这么做，是希望通过这种活动提倡"没有政治，没有议会"的快乐时光。究竟有没有达到预期目的我们无从得知，但是这一天的波士顿大街上的人们看起来真是可怕极了。

马达加斯加——与尸体共舞

 那些人在做什么？为什么抱着一个大东西起舞呢？

 哦，他们抱着的是死去的亲人的尸体。

在"翻尸节"起舞

世界各地都有各种纪念逝去亲人的方式，像在马达加斯加岛上的马达加斯加人，他们把死者与生者的联系看得相当重要。所以每隔一段时间，他们就会举办"翻尸节"，把亲人的遗体从墓室中请出来和在世的家人们共舞。

重要的尸体

每隔一段时间就把祖先的遗体请出来跳舞，这样的仪式在马达加斯加岛上很常见。在马达加斯加人眼里，这是一种生与死的交流。当舞蹈结束后，人们还会用手指隔着裹尸布描摹死去亲人的轮廓，并且告诉孩子们这个人有多么重要。

引导幸福

在马达加斯加人眼中，死者和生者之间并不是那么界限分明，他们认为祖先们的灵魂有时会在在世的后代中来去自如，而翻尸节就是他们向祖先报告家庭情况，以及获得祝福和引导方向的机会。

天哪，居然还有这样的风俗习惯，真是不看不知道，世界真奇妙！

第三章
Chapter Three
人体极限在哪里

人类密码
RENLEI

　　想要了解不一样的人类生活，了解人体是少不了的了。这不，ABC带着朵朵他们开始了完成假期作业的最后一站——寻找人体极限。大力士能承受多大的力量？智商最高的人是谁？人最多一分钟能说多少个字呢？这些，就让他们告诉你吧！

大力士来啦

你们知道谁是有记录考证以来世界上力气最大的人吗？咱们一起去认识认识他吧。

⇒ 力量界之王

在力量界，有一个问题人们百问不厌，那就是：谁是世界上力气最大的人？这个问题看起来很难回答，因为力量界有很多项目，每个项目都有各自的特点。尽管如此，对很多人来说，这个问题的答案仍是确定无疑的，那就是：保罗·安德森。他是力量界永远的骄傲，一个真正的大力神。

▌▶ 傲人成绩

一个人力量的大小，主要取决于他的核心力量。在这方面，保罗·安德森是无敌的。在有确凿证据的记载中，安德森的力量纪录最为惊人。在杠铃深蹲、台式腿举和台式深蹲三大力量项目可以被证实的成绩中，安德森的成绩都是最高的。

▌▶ 世界上最可怕的力量火山

1956年8月25日，国际职业深蹲联合会在德国汉堡举办了一次规模空前的职业深蹲大赛。尽管来自全世界的大力士们都拼尽了全力，还是阻挡不了安德森这一枝独秀。最后他蹲起了2.84吨的力量台，将

纯金萨克森塑像据为己有。当时的报纸将安德森的一双巨腿称为"世界上最可怕的力量火山"。

大力神！保罗·安德森是我的偶像！我决定了！我也要做大力士！

注意力的极限

 那些医生的注意力好集中啊，他们是怎么做到的？

❚➡ 挑战人类的注意力

专注是我们大多数人在最后期限之前完成论文、加班到深夜以及长途驱车时所面临的挑战。在大脑需要休息前，我们在心理上究竟要坚持多久？对于那些需要全神贯注从事某项工作的人来说，如卡车司机、发电厂操作人员以及航班驾驶员，12个小时是个极限。但是，对于医生而言，复杂的外科手术有时会超过12个小时。

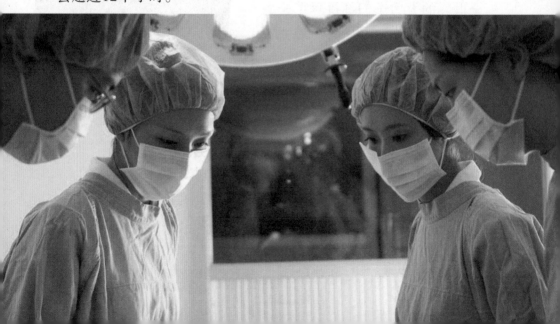

▐▶ 正常反应

2004年以前，周末班的英国医生要从周五早晨一直上到周日晚上，总共要工作80个小时。他们至多只能睡上几个小时，在最糟糕的情况下，他们甚至80个小时都没合过眼。随着时间推移，我们的注意力也会跟着下降。结果工作效率更低，决策时间更长，失误也开始增多。

▐▶ 研究发现

美国宾夕法尼亚大学神经系统科学家戴维·丁格斯说："警觉是让人最易疲劳的方面之一。"丁格斯的研究团队利用核磁共振成像技术研究了从事警觉度非常高的工作者的大脑。随着人们反应变得迟钝，某些大脑部位的活动减少。丁格斯发现，根据参与者右额顶骨的血流量，可以预测他们在测试中的成绩。

我们应该经常训练自己的注意力，比如多看看书。

记忆力的极限

 我都不记得我昨天吃过什么了……

⏩ 世界记忆冠军

记住11位数的电话号码对我们大多数人来说已是很难，但当前的世界记忆冠军、中国的吕超2005年能背诵圆周率67890位。难道与大脑的真正能力相比，这真的不过是沧海一粟？

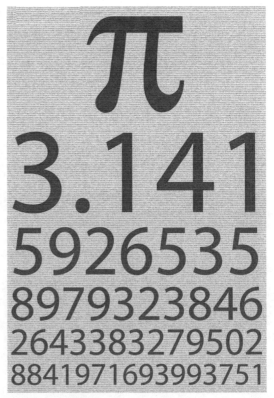

π
3.141
5926535
8979323846
2643383279502
8841971693993751

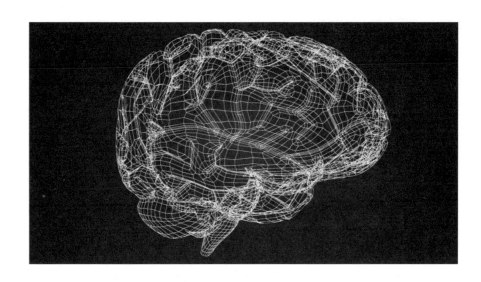

⫸ 惊人的存储信息

人类大脑的信息接受能力相当强大。研究人员托马斯·兰德尔研究了人们在看图片和信息时能存储多少视觉和口头信息以及他们忘记的速度有多快。经过研究，他估计，成年人一生中可储存约125M的信息，相当于100本《白鲸记》。

⫸ 使用记忆方法

在开始记忆数字前，记忆力爱好者们会将从0000到9999的每个四位数与人或者物体联系起来。于是，圆周率的数字就被转化为这些人或物的序列，通过编造一个故事让这些人或物联系起来。这样还能增强无序数字的趣味性，而且巩固了记忆。

不吃不喝的体能极限

不吃不喝？那简直太痛苦了。

体能的极限

没有水和食物，人类能生存多久？理论上，如果你耗光了体脂肪、蛋白质和碳水化合物，你的身体就会因能量耗尽而停止工作。

▶ 水流失的速度

在只有维生素而没有水的情况下，人类的存活时间会大大缩短。一个人可以在没有食物的情况下活数周，但是一个干渴脱水的人只能坚持几天。马萨诸塞美国陆军环境医学研究所的迈克尔·萨瓦卡说："这取决于水流失的速度。"

▶ 水的重要性

没有水的情况下，身体中血液量会降低，血压也会随之降低。血液变得越来越黏稠，使得血液在身体中的循环也变得越来越难，人们的心率就会增大以做出补偿。即使在寒冷的环境中，没有水，人们也只能坚持一周左右。

看来我们平时真的应该多喝水啊，要保持身体健康才行。

最长的不睡觉时长

 还真的有人不睡觉啊？太神奇了！

⫸ 不眠世界纪录

1963年12月28日，加利福尼亚州圣地亚哥的17岁在校生兰迪·加德纳早上6点起床，他感觉精神饱满，这样一直持续到1964年1月8日他才再次进入梦乡，也就是说他有11天没睡觉。加德纳打破之前创下的260个小时不眠纪录后，他创下的264个小时纪录至今仍是科学印证过的最长的不睡觉时长。

⇒ 你所不知道的"微型觉"

其实在你最终上床睡觉之前，你可能已经睡了几个"微型觉"了：缺乏睡眠的人会时不时陷入"微型觉"——当你不注意时，你会在几秒钟内陷入睡眠状态，这期间你经常是睁着眼睛。

避开微型睡眠不谈，加德纳最终能坚持多久呢？这个问题没人知道，但是我们清楚，睡眠剥夺最终会导致死亡。

⇒ 不睡觉的时间是有限的

没有记录显示一个人故意保持清醒直到死亡的，但是一种被称为致死性家族性失眠症的遗传疾病，说明人类不睡觉的时间是有最大限度的。这种疾病最终剥夺了患者的睡眠能力，使他们在3个月内死亡。

看来以后再也不能熬夜看书不睡觉了。

牙齿拉动小汽车

牙齿能有多大的力量呢？

⫸ 牙齿不为人知的力量

我们一般会用牙齿咀嚼食物，但是你知不知道牙齿其实有着让人"恐惧"的力量呢？比如，生活在福建泉州的一位李先生，因为喜欢留长指甲，所以很多事情不

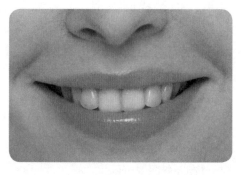

得不经常以嘴代替，他也因此练得一口好牙齿，他的牙齿甚至能拉动一辆汽车呢。

⫸ 轻松拉汽车

李先生曾经在泉州石狮向记者展示了他的这门绝活。只见他用嘴巴咬住毛巾，毛巾上系着绳子，绳子另外一端则系着汽车。他牙关一咬，用力往后拉，那辆汽车随着他慢慢前移，

移动10米左右才停下。随后，李先生让4个大人和1个小孩坐上车，这时他依旧能将汽车拖动。事后，有人计算了他牙齿拖动的重量，居然有1250多千克呢！

▌➡ 一般人别模仿

人的牙齿可以使出几百千克的力量，但是像李先生这样做到用牙齿拉车是非常困难的，这种"绝活"是需要经过专门锻炼才能做到。大家可不要轻易尝试和模仿哦，否则会损伤牙齿，到那时后悔都来不及了。

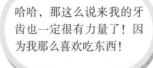

哈哈，那这么说来我的牙齿也一定很有力量了！因为我那么喜欢吃东西！

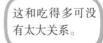

这和吃得多可没有太大关系。

徒步走中国

 ABC，有没有徒步行走的世界纪录呢？

 我让系统查一下……有了！有的，而且这个人还是中国人呢！

❚➡ 行走的世界纪录

只上过小学四年级的他，自1998年开始徒步走了大半个中国，近6万千米的行程超过了阿根廷人保持的徒步47988.42千米的吉尼斯世界纪录。一路上遭受的冷眼、辱骂甚至生命危险都没能使他改变初衷——徒步走中国。这个人就是雷殿生。

▌▶十年"备战"

很多年前，一个偶然的机会，雷殿生见到了著名旅行家余纯顺并和他彻夜长谈，这使雷殿生萌发了强烈的愿望："我一定要徒步走中国，成为中国历史上第一个走遍中国的人，成为世界上走路最远的人，并且打破吉尼斯世界纪录！"为此，他翻阅了大量历史、地理方面的书籍，并且从身体、心理、经费和野外生存等方面做了长达十年的"备战"工作。

▌▶两只脚和一只轮子

雷殿生在行走青藏高原时身体受了伤，无法背负更重的行囊，于是在新疆库尔勒的集贸市场花一百多元买了辆独轮的手推车。手推车上插有一面鲜艳的红旗，上面写着"雷殿生，徒步走遍中国"。他每天推着沉重的手推车踽踽独行，凭着两只脚和一只轮子的手推车，雷殿生的徒步行程已近6万千米。

◗ 最宝贵的东西

雷殿生不论走到哪儿，都会随身携带两件东西：一件是一面白底的旗帜，上面印有五星红旗图案和"中国·北京2008奥运争光"字样，还盖着约700个他到过的各地邮政部门的邮戳。另一件东西则是1999年首发的一套56张的民族邮票。雷殿生每到一个民族聚居地，就在相应的民族邮票上盖上当地的邮戳。它们是雷殿生最宝贵的东西。

雷殿生真是了不起！徒步走6万千米需要多么大的毅力啊。

人类密码

　　胖小虎参加了学校的徒步行走大赛，行程一共是4千米。走完3.5千米后胖小虎实在是累得不行了，于是他拿出了向江户川借的滑板开始滑行，终于到了终点，但是评委老师说胖小虎没有赢，他的比赛成绩作废了，胖小虎很委屈，你能告诉他为什么他会被取消成绩吗？

　　答案：因为徒步行走大赛除了用双脚，不能借助任何别的工具，胖小虎借助江户川的滑板滑行，已经违背了徒步行走大赛的规定，所以被取消成绩。

奔跑在极限

> 大家快看！那是尤塞恩·博尔特！他是世界上跑得最快的人！

▌➡ 比闪电还要快

如果你要问当今世界上谁跑得最快，那么我相信几乎所有关注田径的人都会告诉你一个响亮的名字：尤塞恩·博尔特。这位来自短跑王国牙买加的运动员，在田径场上谱写了一个又一个关于速度的神话。人们亲切地称他为"闪电"。

▌➤ 儿时趣事

博尔特从小就表现出极高的
"运动能力"，长大一些后，博
尔特更加不"安分"。有一次，
博尔特往父亲最心爱的帽子里填
充上棉花当足球踢着玩，父亲知
道后想教训一下这个捣蛋的孩
子，但令父亲郁闷不已的是，他
根本追不到博尔特。

▌➤ 短跑帝王

2008年北京奥运会，博尔特先后打破100米、200米世界纪
录！2009年8月17日，博尔特在柏林世锦赛上以100米9秒58的

世界纪录，再次震惊世界！2011
年9月4日，在韩国大邱举行的
2011年世界田径锦标赛上，由博
尔特领衔的世界纪录保持团队牙
买加队以37秒04获得男子4×100
米冠军，并打破世界纪录！他是
当之无愧的短跑帝王！

▌▶ 一切来自于爱

这个世界上跑得最快的人接受采访时，主持人问他："你作为世界上比法拉利还强的'发动机'，能够不断突破自己的动力是什么？"博尔特回答："因为我的心是由爱组成的，我爱我的母亲，爱这个世界上关心我的每一个人。"原来，一切都是因为爱，才让这个奔跑在极限的人一次又一次赶超了人类田径史的纪录。

尤塞恩·博尔特，真是太酷了！

说的就是心跳

 我是机器人，我没有心跳，但是你们有。可是你们都了解自己的心脏吗？

▮➡ "最后的时间"

医学理论认为，一般情况下，心跳停止4分钟后，人体可能由于脑部无法得到血液、氧气而死亡。这"4分钟"是人"最后的时间"，也是"最重要的时间"，但是这不是心跳停止的极限。

▮➡ 心跳停止极限

1987年，有一位挪威渔民不幸落入冰水中，当他被送进医院时，体温已降到24℃，心跳也停止了。但是当医生给他接上人工心肺机后，他的心脏奇迹般地又恢复了跳动。他的心跳曾停止4小时，这个时间被认为是"心跳停止极限"。

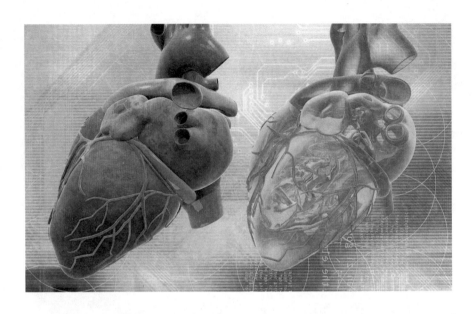

Ⅱ➡心跳极限

心跳极限是1分钟220次。这是迄今为止，科学家发现的心脏能够工作最大极限的心跳次数。超过这个数值，心脏就不能继续完成正常的搏血功能。因为心跳极限运动和人面对应急事件一样，如果人经常处于紧急战斗状态，这种状态一结束，身体就会感到特别虚弱，长此以往会使生命透支。

心脏居然有这么多秘密啊，我一定要保持健康身体，让自己的心脏一直跳动着！

智商最高的人

 她可不是普通人，她是吉尼斯世界纪录都承认的世界上智商最高的人呢。

▌➡ 世界上最聪明的人

美国人玛丽莲·弗斯·萨凡特是一位杂志专栏作家，她专门回答各种读者提问，这个不起眼的职业她干了22年。但萨凡特并非普通人，30年前，10岁的萨凡特接受了智商测试，她答对了试卷上的每个问题，测试结果说明她的智商高达228（普通人智商约为100），吉尼斯世界纪录承认萨凡特是世界上最聪明的人。

天才女孩

萨凡特是玛丽莲·弗斯·萨凡特的姓氏，巧合的是，萨凡特（Savant）这个词在英语中有"天才、专家"的意思。当萨凡特还是一个在密苏里圣路易斯读书的小女孩时，在吉尼斯世界纪录中的"斯坦福 – 比奈智商测验题"中，当时只有10岁的她正确回答了全部试题，测试结果显示她的智力年龄相当于22岁的成年人，她的智商高达228。

天才的婚姻

这一世界纪录出现后，萨凡特一夜成名，她的生活从此改变。她出现在电视和报纸杂志上。她未来的丈夫贾维克乘坐飞机时在一本杂志的封面看到这个女孩，决定找到她，请她和自己交往。贾维克就是贾维克人工心脏的发明人。

➡ 朋友眼中的天才

　　萨凡特写专栏的杂志的主编沃尔特·安德森和萨凡特是亲密老友。安德森认为萨凡特是个天才，像其他天才一样，她的思维方式是常人所无法理解的。

"玛丽莲就是厉害，"他说，"她的反应非常敏捷。她知道你的每个问题的答案，在你说完问题之前，她就知道了。"

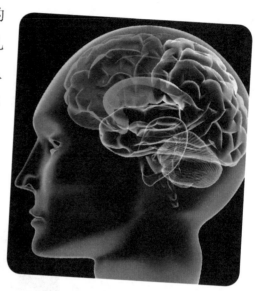

哇，那萨凡特比ABC你还要聪明吗？

这……我们是没法比较的，因为我是机器人嘛！

头骨的承重能力

 用头顶东西该多疼啊。再说了，人的头部看起来很脆弱啊。

承重能力与密度

人的头骨承重能力是很强大的。据计算，人的头骨最大可承受500千克的力量。但是，这些只是计算结果，根据人的正常承受能力和触觉对重量发出的警报，一般人的头很少能顶起25千克重的东西。当然，头骨的承重能力与它的密度也是分不开的。

冰棍棒敲坏头骨

因为头骨密度的不同，所以有的人头骨坚硬，有的人的头骨却很脆弱，甚至一个冰棒棍都可以敲破头骨。别以为这是玩笑，这种事情真的发生过。曾经有两个学生打打闹闹，其中一个学生就是被冰棒棍敲坏头骨死掉的。

坚实的头骨

有的人的头骨很脆弱，但有些人的很硬实。比如，在英国伦敦广播电视公司的一个节目上，英国人约翰·埃文斯当场用头顶起了101块建筑用砖，这些砖共计188.7千克！而且之后，他居然用头顶起了一辆迷你小汽车！

我也算得上是咱们班的大力士了，我的头骨一定也很硬实！

说话的速度

 听说说话最快的人与《哈姆雷特》有关系呢，看来我们可以交流交流。

▌➡ 西恩·沙侬

你有没有试过用最快的速度说话呢？哈哈，是不是说话速度一快就会咬到舌头？但是有一个人的说话速度几乎能称得上是人类说话语速的极限，他就是加拿大男子西恩·沙侬，他是世界上说话速度最快的人。

▊➡ 无人打破的纪录

西恩这一"说话最快"的纪录是1995年8月创下的，他将这一纪录一直保持到了今天，因为至今没有人能打破他的纪录。他能在23.8秒钟内，背诵完莎士比亚《哈姆雷特》剧中哈姆雷特的"生存还是毁灭，这是一个问题"的著名独白。

▊➡ 极限语速

《哈姆雷特》中"生存还是毁灭"的独白有262个单词，这意味着西恩每分钟可以说出655个单词，每秒钟可以说出至少10个单词，而普通人朗诵时每分钟大约只能说出100个单词而已。西恩的语速完全达到了人类的极限。

小书呆，这样的语速你能比得上吗？

唉，我肯定是不行的，但是ABC你是机器人，一定可以吧？

体温的极限

咦，今天怎么没有见到胖小虎？

听说他发烧啦，我们为他祈祷吧。

▌➡ 体温极限

正常人的腋窝温度下限通常为36.5℃，也有人是低于36℃的，但是极为少见。正常人腋窝温度的上限通常为37.4℃，如果发热，最高不过达到42℃。但是人的极限总是出乎所有人的意料，比如人的最低体温极限大约为14.2℃，最高体温极限大约是46.5℃。

▌➡ 最低体温极限

1994年，一个名叫卡里·科索洛夫斯基的两岁的加拿大女孩被锁在门外长达6小时之久。据说，当时户外气温是-22℃。最后体温只有14.2℃的小女孩除了一条左腿因冻伤不得不截去外，幸运地保全了生命。

▌➡ 最高体温极限

1980年，美国佐治亚州亚特兰大的气温为32.2℃，52岁的威利·琼斯因中暑住进了亚特兰大的格拉迪纪念医院，当时他的体温达到的最高记录为46.5℃，经过24天后他才完全退烧。

不过是一点小感冒，我才不会错过难得的社会实践呢！

人类密码

江户川要挑战说话最快的纪录啦！大家都跑去观看江户川的挑战赛。江户川的说话速度居然可以这么快！大赛的计时员宣布江户川背诵《哈姆雷特》中的"生存还是死亡"的独白总共用了51秒钟，那么你能计算出江户川平均1秒钟能说出多少个单词吗？

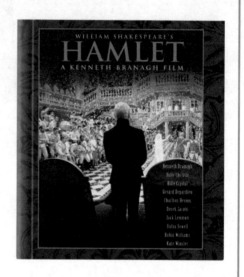

答案：$262 \div 51 \approx 5$

江户川1秒钟平均能说5个单词。

厉害的味蕾

 胖小虎，你不是很喜欢吃东西吗？那你知道味蕾的作用吗？还有，你知道什么人有着最厉害的味蕾呢？

▌➡ 奇特的味蕾

我们的舌头上有无数个味蕾，这些味蕾帮助我们品尝出美味的食物，但是"味蕾"也有害怕的食物，那就是辣椒。辣椒的刺激性辣味甚至可以使味蕾失去品尝食物、辨别味道的功能。有一些人的味蕾却不害怕辣椒，我们一起去看看吧。

ⅠⅠ▶ 最能吃辣的人

根据吉尼斯世界纪录记载，目前全球最能吃辣椒的人是

南非人阿妮塔·克拉福

德，她曾经在2002年创

下1分钟内吞下8只墨西哥

红辣椒的世界纪录。要知

道，墨西哥红辣椒在很长

一段时间被人们公认为是

世界上最辣的辣椒。

ⅠⅠ▶ "魔鬼辣椒"

印度东北部山区盛产一种辣椒，当地人称之为"魔鬼辣椒"。吉尼斯世界纪录将其认证为全球最辣的辣椒。对印度妇女安娜蒂塔·杜塔·塔穆利而言，"魔鬼辣椒"不过是小菜一碟，她可以面不改色地吃下"魔鬼辣椒"，这样的味蕾真让人大吃一惊呢。

这样的味蕾，我没有……但是我能保证我的胃口比他们都要大！

最长的憋气时间

 你们人类一般半分钟不呼吸就会难受得不得了，但是有人很厉害，足足可以憋气17分钟呢。

▌➡ 憋气时间最长的人

世界上憋气时间最长的人，是来自德国汉堡的汤姆·西亚塔斯，他已经连续三次打破自己的水下憋气纪录。2008年12月30日，汤姆·西亚塔斯将"水下憋气最长时间"的世界纪录定格为17分33秒，而他本人也成为世界上憋气时间最长的人。

▌➡ 世界第一的秘诀

汤姆·西亚塔斯在以前的几年，分别创下了14分25秒、15分02秒、17分19秒的水下憋气世界纪录。汤姆·西亚塔斯说出了他的憋气秘诀：在潜入水下后，通过全身放松来降低心跳次数，以减少身体对氧气的需求。

▌➡ 挑战世界纪录

为了向汤姆·西亚塔斯挑战，2009年4月26日，意大利人戴维·默里尼在一个透明水箱中憋气21分29秒。但遗憾的是，这个水下憋气的纪录没得到吉尼斯官方的承认，因为默里尼在憋气中出现了昏迷现象。

这个人居然能憋气这么久，真担心他会觉得难受啊！

不可思议的人体失血量

血液对人类来说是非常重要的，没有了血液，人就不能存活哦。

➡ 不可或缺的血液

血液是我们人体中不可缺少的一部分，如果人的体内没有了血液，那一定必死无疑，人体的失血量是决定一个人是否能够存活的条件之一。想不想知道人体失血量的极限呢？跟我们一起去了解一下吧。

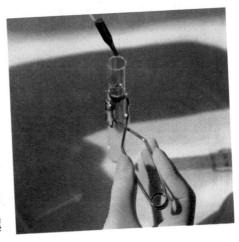

➡ 失血量

成年人体内的血液在3.8升～5.6升之间，也就是4瓶饮料的重量。如果你的体内迅速失去了15%的血量，你不会立刻觉得不适，但是一旦超过这个标准，你的脉搏就会加速跳动，你可能会觉得晕眩发冷。若是失去40%的血量，这将影响血液流回

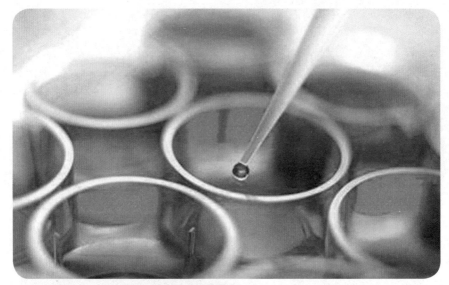

心室，从而使人出现心跳过速的症状，这就可能危及生命。

▶ 失血量极限

关于人体失血量的理论极限是1.9升～2.8升，约占人体血液总量的50%。但是目前有效的人体失血量极限纪录是：约占人体血液总量的75%。1987年，一名癌症病人被发现体内只有0.9升的血液，不过他的血液是在几个星期内慢慢流失的。

我爸爸曾经去献过血，他告诉我，献血完后会觉得有些冷呢。

难以置信的进食

 比比谁吃得最多吗？我认识的朋友里，要数胖小虎吃得最多呢！

⚡ 惊人的饭量

我国战国时期的杰出军事家廉颇一顿饭能同时吃5千克肉和6千克米饭。是不是很多呢？胖小虎的目标是超越廉颇，所以他现在每天要吃3个馒头、4大碗米饭、7盘菜、4个鸡腿、5个面包、2桶饮料，是不是很让人吃惊呢？

⚡ 纽约大胃王

虽然胖小虎很能吃，但生活在纽约的肥胖人士沃尔特·哈德孙的食量轻而易举地打败了胖小虎，因为这个人一顿饭的食物就包括12个油炸圈饼、10包炸土豆条、8份中国外卖和半个蛋糕。这仅仅是一顿饭的食量啊！真是太让人难以置信了！

▶ "什么都吃先生"

　　法国人米歇尔·罗蒂多被人称为"什么都吃先生"。因为从1959年以来，他吃下了各种各样的金属和玻璃。他吃过1台电脑、18辆自行车、1架飞机、6盏吊灯、15辆超市手推车、7台电视机等。总的加起来，他竟然吃了9吨多金属！

跟这些人比起来，我还是不够强啊！嗯！我要把我的食谱增加！

饶了我们吧！

打嗝最多的人

 我认识的打嗝最多的人也是胖小虎，因为他每次吃完一大堆东西后就会打嗝！

➡ 惊人的打嗝

打嗝是一种正常的生理现象，我们每个人都经历过，但是如果打嗝次数太多的话，那就有些让人受不了了，我们会觉得很难受，很不舒服。来自美国的查尔斯·奥斯伯恩的打嗝次数完全可以说是超出了人类极限，因为他居然打嗝打了

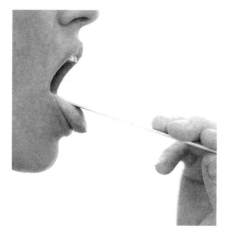

69年，并且平均每隔1.5秒钟就会打嗝一次！虽然有一天，他的打嗝忽然停止了，但他依旧是世界上打嗝最多的人。

唉，跟他比起来，我真是小巫见大巫啊。

承受重力加速度的极限

 我们一会儿去玩过山车吧。

承受重力加速度的能力

过山车俯冲而下时，我们会在很短的时间里承受5g重力加速度，这时我们会产生头晕恶心的感觉。座椅必须经过特殊设计，人们才不会晕过去。我们承受重力加速度的能力，不仅取决于加速度或减速度的变化和持续时间，而且取决于我们身体的方向。

▌➡ 飞行员的训练

战斗机在垂直状态的重力加速度可达9g，飞行员承受这种环境的能力越强，对空中作战越有利。飞行员通过在离心机里进行训练，可以提高他们承受重力的天然耐受性，在英国汉普郡法恩伯勒就有一台这样的离心机。飞行员学着收紧腿和腹部肌肉，促使血液流向上半身，并通过特殊呼吸方法降低血压。

▌➡ 人类承受重力加速度纪录

人们能承受的最大重力是31.25g，为了达到这个目的，美国宇航局的医生弗拉纳根·格雷进入一个特制水箱，这个水箱给他的身体施加压力，帮助他承受住那么大的重力加速度。美国空军先驱约翰·斯塔普保持着最高的水平重力加速度纪录。

我这下终于明白为什么每次玩过山车会头晕了。

难以企及的最高海拔

 我真佩服那些攀登珠峰的人，他们太勇敢了！

▐▶ 高原反应

海拔差异会对人体产生奇怪的影响，在大多数情况下，高海拔地区空气里的氧气会压力减小。人体细胞需要氧气才能存活。在更高海拔，把肺部的氧气输送给细胞的血液蛋白——血红蛋白无法有效输送氧气，这导致人体缺氧。大脑对氧气水平非常敏感，这也是高原病的第一反应就是头痛眩晕的原因。

▌➡ 登珠峰的经验

如果人们在这种环境下生活很长时间，大部分人最终都能适应。一个很好的经验是，你登得越高，待的时间就应该会越短。如果你在没适应新环境前被突然送上珠穆朗玛峰(8846米)，可能不出2分钟你就会死亡。只有少数人在没有氧气补充的情况下能登上珠峰。

▌➡ 人类能承受的最高海拔

人类最高能在多高的地方生存呢？可能珠峰已经接近这个高度。格洛科特说："迄今只有一个人在冬季没有氧气装置的情况下攀登珠峰，当时大气压降得更低，空气里的氧气更少。我想人类能够承受的最高海拔可能是9000米。"

我看我们还是去玩过山车吧，珠峰太高了……

举重的极限

胖小虎，你看起来比较适合举重。

嘿嘿，我看我还是回家吃点东西再说吧，走了大半天，真是好累啊！

▌▶ 人类所能举起的最大重量

人类所能举起的最大重量是多少呢？美国洛杉矶南加州大学的托德·斯库罗德认为，我们已经接近所能达到的极限。他说："回顾以往的举重纪录你会发现，虽然成绩不断提高，但已开始达到稳定水平。现在的举重运动员，包括那些服用类固醇的运动员都已经接近人类体能的极限了。"

▌➡ 有效控制肌肉是优势

最终能够举起多大重量取决于肌肉。在举重比赛中，绝大多数试举失败都不会让身体遭受损伤，因为举重运动员因无法承受所要的重量选择放弃。但如果强行试举，失败不说还会造成肌肉纤维撕裂，通常是腱附近的纤维。

能够有效控制肌肉会让举重运动员获得优势。

▌➡ 控制和训练是关键

人体拥有天然的抑制机制，保护身体因所举重量过重受到损伤。这项工作通过控制一次参与举重的肌肉纤维数量加以实现。举重运动员经过训练懂得如何抑制这些信号，进而在更大程度上发挥肌肉潜能。除了这种控制外，成功的另一个关键因素就是训练。

图书在版编目(CIP)数据

人类密码/袁毅主编. —武汉:武汉大学出版社,2013.1(2023.6重印)
(图说科学密码丛书:彩图版)
ISBN 978-7-307-10459-4

Ⅰ.人… Ⅱ.袁… Ⅲ.人类学–少儿读物 Ⅳ.Q98–49

中国版本图书馆 CIP 数据核字(2013)第 022686 号

责任编辑:吕 伟 责任校对:杨春霞 版式设计:王 珂

出版发行:**武汉大学出版社** (430072 武昌 珞珈山)
(电子邮箱:cbs22@ whu. edu. cn 网址:www. wdp. com. cn)
印刷:三河市燕春印务有限公司
开本:710×1000 1/16 印张:10 字数:60 千字
版次:2013 年 1 月第 1 版 2023 年 6 月第 3 次印刷
ISBN 978-7-307-10459-4 定价:48.00 元